撰　稿

张　迪　沈蓓蕾　孙　杰
唐旭东　曹　阳　赵　新
魏诗棋　郑士明　高　雪
柴冰冰　陈禹行　滕　雪
张　静　刘晓漫　王靖雯
康　健

插图绘制

雨孩子　肖猷洪　郑作鹏
王茜茜　郭　黎　任　嘉
陈　威　程　石　刘　瑶

装帧设计

陆思茁　陈　娇
高晓雨　张　楠

了不起的中国

—— 传统文化卷 ——

二十四节气

派糖童书　编绘

化学工业出版社

·北京·

图书在版编目(CIP)数据

二十四节气/派糖童书编绘.—北京：化学工业出版社，2023.10（2024.10重印）
（了不起的中国.传统文化卷）
ISBN 978-7-122-43815-7

Ⅰ.①二… Ⅱ.①派… Ⅲ.①二十四节气-儿童读物 Ⅳ.①P462-49

中国国家版本馆CIP数据核字（2023）第131995号

了不起的中国
—— 传统文化卷 ——
二十四节气

责任编辑：刘晓婷　　　　责任校对：王　静

出版发行：化学工业出版社（北京市东城区青年湖南街13号　邮政编码 100011）
印　　装：河北尚唐印刷包装有限公司
787mm×1092mm　1/16　印张5　2024年10月北京第1版第2次印刷

购书咨询：010-64518888　　售后服务：010-64518899
网　　址：http://www.cip.com.cn
凡购买本书，如有缺损质量问题，本社销售中心负责调换。

定　　价：35.00元

前 言

几千年前，世界诞生了四大文明古国，它们分别是古埃及、古印度、古巴比伦和中国。如今，其他三大文明都在历史长河中消亡，只有中华文明延续了下来。

究竟是怎样的国家，文化基因能延续五千年而没有中断？这五千年的悠久历史又给我们留下了什么？中华文化又是凭借什么走向世界的？“了不起的中国”系列图书会给你答案。

“了不起的中国”系列集结二十本分册，分为两辑出版：第一辑为“传统文化卷”，包括神话传说、姓名由来、中国汉字、礼仪之邦、诸子百家、灿烂文学、妙趣成语、二十四节气、传统节日、书画艺术、传统服饰、中华美食，共计十二本；第二辑为“古代科技卷”，包括丝绸之路、四大发明、中医中药、农耕水利、天文地理、古典建筑、算术几何、美器美物，共计八本。

这二十本分册体系完整——

从遥远的上古神话开始，讲述天地初创的神奇、英雄不屈的精神，在小读者心中建立起文明最初的底稿；当名姓标记血统、文字记录历史、礼仪规范行为之后，底稿上清晰的线条逐渐显露，那是一幅肌理细腻、规模宏大的巨作；诸子百家百花盛放，文学敷以亮色，成语点缀趣味，二十四节气联结自然的深邃，传统节日成为中国人年复一年的习惯，中华文明的巨幅画卷呈现梦幻般的色彩；

书画艺术的一笔一画调养身心，传统服饰的一丝一缕修正气质，中华美食的一饮一馔（zhuàn）滋养肉体……

在人文智慧绘就的画卷上，科学智慧绽放奇花。要知道，我国的科学技术水平在漫长的历史时期里一直走在世界前列，这是每个中国孩子可堪引以为傲的事实。陆上丝绸之路和海上丝绸之路，如源源不断的活水为亚、欧、非三大洲注入了活力，那是推动整个人类进步的路途；四大发明带来的文化普及、技术进步和地域开发的影响广泛性直至全球；中医中药、农耕水利的成就是现代人仍能承享的福祉；天文地理、算术几何领域的研究成果发展到如今已成为学术共识；古典建筑和器物之美是凝固的匠心和传世精华……

中华文明上下五千年，这套“了不起的中国”如此这般把五千年文明的来龙去脉轻声细语讲述清楚，让孩子明白：自豪有根，才不会自大；骄傲有源，才不会傲慢。当孩子向其他国家的人们介绍自己祖国的文化时——孩子们的时代更当是万国融会交流的时代——可见那样自信，那样踏实，那样句句确凿，让中国之美可以如诗般传诵到世界各地。

现在让我们翻开书，一起跨越时光，体会中国的“了不起”。

目录

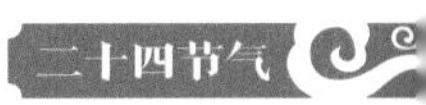

导　言

古人与自然为伴，他们记录了四季，又发现了全年七十二种物候变化，七十二种变化归于二十四节气，二十四节气又在四季之内，草木、水面、游鱼、落叶、去雁都是时钟，是提醒日志，也是天气预报。

细心的小朋友可以观察一下，每到一个节气，总会有自然的变化发生，即使在气候异常的年景，也差不过几天，自然就是这样守信。

可是你们知道二十四节气是怎么来的吗？对应每个节气人们又要做什么？这么做的缘由又是什么？

二十四节气始于先秦，汉代定型，距今不少于两千年，是我国人民带给全人类的宝贵遗产，已正式被列入联合国教科文组织人类非物质文化遗产名录。人们为了便于记忆，口口相传了大量节气歌，它们诗意盎然，充满哲理，也十分具有生活趣味，甚至有着自得的幽默，不但详细记录了物候变化，还成为人们的行为指导。

节气起源

二十四节气是怎么产生的呢？其实节气就是指一年中地球围绕太阳公转过程中到达二十四个规定位置的日期。夏朝时人们通过圭（guī）表测日影，已经对节气有了认识。先秦时期，人们确立了冬至、夏至、春分和秋分。人们逐渐认识到了春分、秋分昼夜均等；夏至白天最长，夜晚最短，我们可以感觉到夏天天亮得早，天黑得晚；而冬至则恰恰相反，人们要在寒冬里度过最漫长的黑夜。

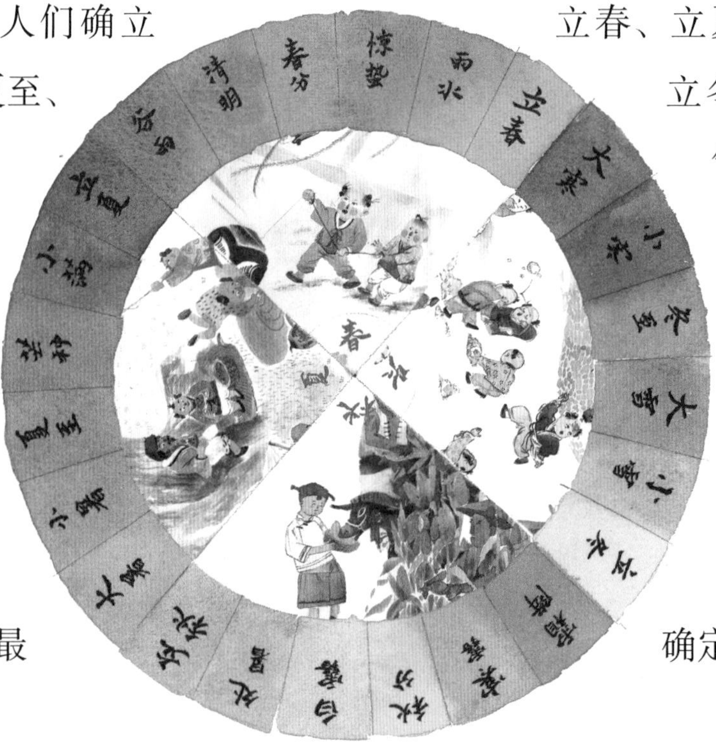

冬至、夏至、春分、秋分最先确立，资格最老，随后是立春、立夏、立秋和立冬这四个节气。此后又经过了漫长的调整和累积，到汉代时，二十四节气才全部被确定下来。

物候定节气

第一场雪，第一声春雷，大雁走了又回，寒冷的清晨，晶莹的白霜，这些都是物候，是大自然体现出的变化。亲近自然的古人根据物候，推算出播种与收获的时间。

斗柄授时

北斗七星像个勺子，勺子把儿就是斗柄。斗柄授时是根据黄昏时期北斗七星的斗柄指示的方向来判定季节时令。道家著作《鹖（hé）冠子》就为我们做了详细解说：“斗柄东指，天下皆春；斗柄南指，天下皆夏；斗柄西指，天下皆秋；斗柄北指，天下皆冬。”

圭表

人们发现影子的方向和长短变化都很有规律。因此古人平整好一块地面，在上面竖起竹竿，以此观测日影的长短，从而出现了最早测算节气的天文仪器——圭表。后来，人们对圭表进行改进，又制作了能测算时辰的日晷（guǐ）。成语“立竿见影”其来由就是古人测日影，表示事情很快见到成效。

黄河中下游流域

黄河是中华民族的母亲河，黄河流域诞生了悠远的中华文明。黄河中下游地区河流众多，地势平坦，一年四季气候分明，阳光雨水充足，土壤肥沃，适宜耕作。二十四节气的物候、农时规律是以黄河流域为基准的。我国幅员辽阔，南北差异巨大，刻板照搬书本、民谚也是不正确的。

七十二候

我国古代的物候历以五日为一候，一年可分为七十三候，但为与二十四节气相对应，便规定了每三候为一个节气，全年二十四节气共计七十二候。每一候都有相对应的物候现象，称为“候应”。

四季风

海洋和大陆之间存在着温差。随着季节变化，风如果从东边的海洋吹来，潮湿润物；从西边的内陆吹来，干燥厚重；从北方吹来，严酷凛冽；从南方吹来，温热芬芳。我国古人很早就有观测季风的记录，人们总结出一年四季的四季风，春季吹偏东风，夏季吹偏南风，秋季吹偏西风，冬季吹偏北风。

二十四番花信风

信风有指明节候的信号寓意，也是气候变化的标志。我国将从小寒到谷雨的八个节气，每个节气按照五天一候，分为三候，八个节气共对应二十四候，每一候又对应一种花，因此形成了俗称的二十四番花信风。经过这二十四番花信风后，夏季就到来了。

小寒：一候梅花、二候山茶、三候水仙；

大寒：一候瑞香、二候兰花、三候山矾（fán）；

立春：一候迎春、二候樱桃、三候望春；

雨水：一候菜花、二候杏花、三候李花；

惊蛰（zhé）：一候桃花、二候棣（dì）棠、三候蔷薇；

春分：一候海棠、二候梨花、三候木兰；

清明：一候桐花、二候麦花、三候柳花；

谷雨：一候牡丹、二候荼蘼（túmí）、三候楝（liàn）花。

节气含义及类别

二十四节气是从阳历2月份开始的，依次为：立春、雨水、惊蛰、春分、清明、谷雨、立夏、小满、芒种、夏至、小暑、大暑、立秋、处（chǔ）暑、白露、秋分、寒露、霜降、立冬、小雪、大雪、冬至、小寒、大寒。

为了便于记忆，人们总结了《二十四节气歌》：

春雨惊春清谷天，夏满芒夏暑相连。秋处露秋寒霜降，冬雪雪冬小大寒。

节气按性质可以分为六种：季节类、降水类、天文类、物候类、水汽类和气温类。

季节类节气

季节类节气是反映季节变化的节气。有立春、立夏、立秋和立冬。“立”有开始的意思，这四个节气反映的就是一年春、夏、秋、冬的开始，可以用来划分四季。

降水类节气

降水类节气是指根据降水的季节、性质和程度来为节气命名。二十四节气中的雨水、谷雨、小雪和大雪这四个节气就归属于降水类节气，这个节气适用于黄河流域。

天文类节气

由于地轴是倾斜的，地球的自转轨道和公转轨道形成了一个夹角，使太阳的直射点在地球南北回归线之间往复运动，同一地点在不同时间获得的太阳辐射热量不同，地球上就产生了四季。这一规律被古人观测并记录下来，形成春分、秋分、夏至和冬至四个节气。春分和秋分，是白昼和黑夜均分，昼夜均等；而夏至和冬至则是两个极端，夏至白天最长，冬至黑夜最长。

太阳运动轨迹

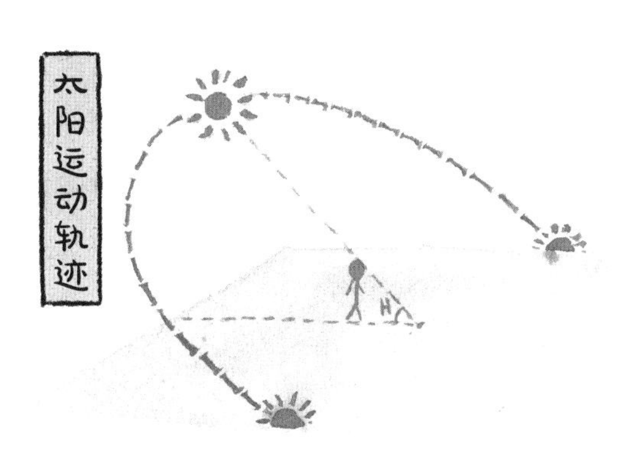

物候类节气

不服可不行，动植物对大自然要比人类对大自然敏感得多，天气有了变化，动植物总是先有反应。古人说“一叶落而知天下秋”，叶子落了，人们才知道秋天到了，落叶就是秋的信使。物候类节气就是通过动植物的变化反映出的节气，其中惊蛰和清明反映的是自然界的物候现象，而小满、芒种则表示的是作物的生长发育和农事活动。

春回燕来

水汽类节气

接近地面的空气中也有很多水汽，随着气温的下降，这些水汽会变一些小魔术，把自己变成其他的样子，比如露珠和霜。水汽类节气就是这些魔术的演出，它们在二十四节气中所占比重最少，只有三个，分别是：白露、寒露和霜降。

气温类节气

夏天热，穿着短衣裤还热得不行；到了冬天天气冷，妈妈一准儿喊你穿秋裤。气温的高低程度当然会在二十四节气里有所体现，而且是数量最多的，共有五个，分别是：小暑、大暑、处暑、小寒和大寒。前三者表示的是天气炎热程度的发展，后两者则反映的是寒冷程度的递进。

节气的计算方法

我国历法上先后出现过两种二十四节气的计算方法，分别是平气法和定气法。平气法是将一个回归年的时间进行 24 等分，所得数值就是节气相隔的时间；而定气法是对太阳的视运动（观察者所见太阳的东升西落）一周 360° 进行 24 等分，每一等分为 15°，意味着太阳每走过 15° 就交一个节气。从平气法到定气法的过渡经过了漫长的时间，一直到清朝顺治年间颁布《时宪历》，定气法才真正被确定下来，并一直持续到现代。

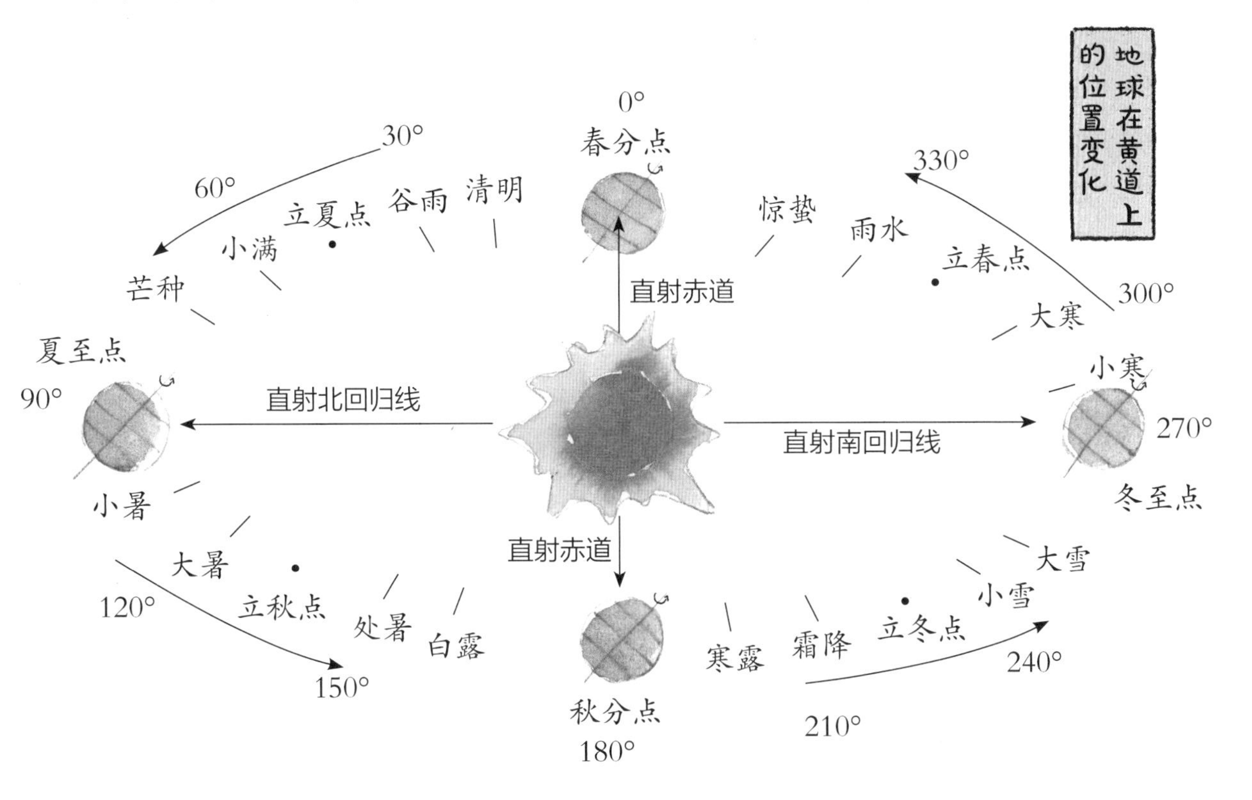

节气与阳历

阳历和二十四节气均反映了太阳的视运动变化，因此各节气的公历日期大致是固定的。用阳历来推算二十四节气很方便，6月以前（2月除外），每月的前一个节气是6日左右，后一个节气是21日左右；7月以后，每月的前一个节气是8日左右，后一个节气是23日左右。

节气与农业生产

农业生产上的节气指的是一段时期，而非节气交替的那一天。当前，我国农业生产上划分节气有两种方法，第一种是从交节气的那一天开始，到下一个节气的前一天这一时间段，作为一个节气；第二种是从交节气那天为中间点，前后共15天为一个节气。

节气与中气

给二十四节气按先后顺序排队，然后报数：1、2、3、4……单数的是月首的"气"，称为"节气"，双数的是月中的"气"，称为"中气"。

立春为节气，雨水为中气；
惊蛰为节气，春分为中气；
清明为节气，谷雨为中气；
立夏为节气，小满为中气；
芒种为节气，夏至为中气；
小暑为节气，大暑为中气；
立秋为节气，处暑为中气；
白露为节气，秋分为中气；
寒露为节气，霜降为中气；
立冬为节气，小雪为中气；
大雪为节气，冬至为中气；
小寒为节气，大寒为中气。

节气与阴阳五行

阴阳五行学说认为世间万物都在金、木、水、火、土的范畴之中，二十四节气也有阴阳五行属性。四季中的春、夏、秋、冬分属五行中的木、火、金和水，而五行中的土对应的则是夏季的最后一个月和每季末的 18 天。

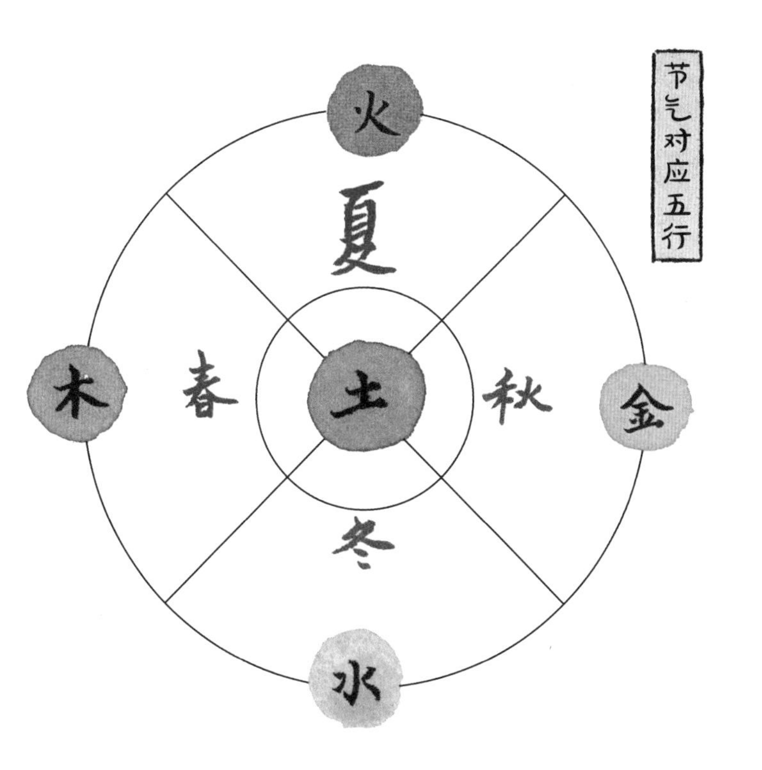

节气对应五行

闰年的出现

二十四节气属于太阳，反映太阳运行的规律；农历属于月亮，反映月亮的周期变化。因此，二十四节气虽然是传统文化的结晶，但它在农历中的日期很难确定。按照农历的一年 354 天计算，每月平均只有 29 天，而节气中间相隔的日期不变，每个月的节气和中气就比上个月的要往后推迟，依次类推下去，会出现有一个月只有节气，没有中气，这个月便是闰月，有闰月的年被称为“闰年”。

春

春字从“艹”，中间是“屯(zhūn)”，形容春草破土萌发，下面是“日”字——表明这一切的变化是太阳带来的。

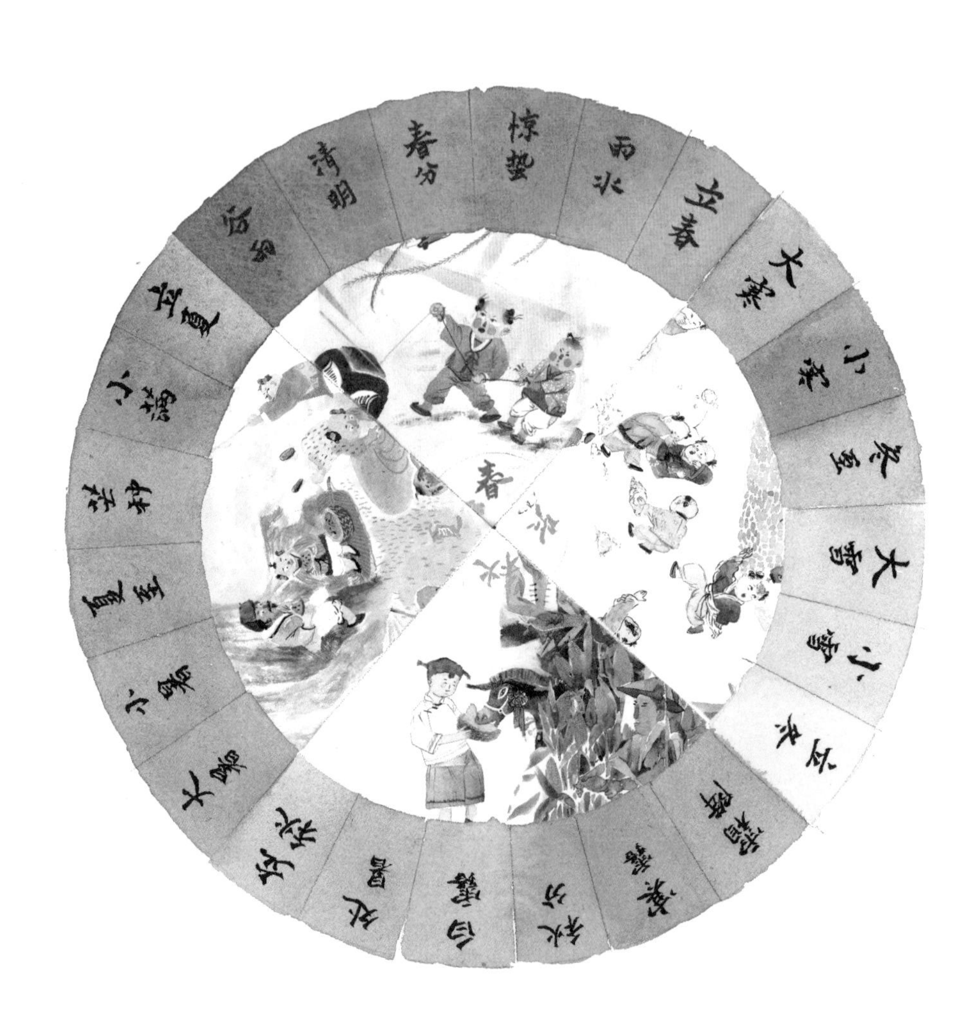

春到人间——立春

立春在每年公历的2月3日或4日，是二十四节气中的第一个节气，是春季的开始。立春之后，白昼变长，天气变暖，日照和降雨也处于一年中的转折点，于是春耕开始了。“误了一年春，全家受紧困”，意思是说因为偷懒耽误了春耕，导致没有好收成，一家人可都要跟着受罪的。

立春三候

一候东风解冻

二候蛰虫始振

三候鱼陟（zhì）负冰

东风解冻就是人们常说的春风送暖，大地复苏。“东风不与周郎便，铜雀春深锁二乔”，东风与春天不可分割。

蛰是动物冬眠的意思，虫在这里是指所有的动物，始振就是开始有了动静。冬眠的动物们感受到温暖并慢慢苏醒，开始舒展舒展身体，但离真正起床还要再过一阵子。

“陟”是向高处行动的意思，《诗经》里有“陟彼高冈”，就是登上那座高冈。鱼本来在冰下深处的水中过冬，立春一到，河里的冰开始融化，鱼便向水面高处活动，它们穿梭在碎冰片中，仿佛背负着浮冰一样，很有画面感。

立春的吃

古人过立春有食五辛的习俗，晋代《风土记》中记载五辛是葱、蒜、韭菜、芸薹（tái）、胡荽（suī），芸薹是油菜花，胡荽是香菜。这五种菜蔬都有种特别的气味，所以叫“辛”，与“新”同音，有迎新的意思。

立春吃春饼、香卷是我国多地的风俗，不管是饼还是卷，大多以蔬菜为主。明代宫廷会给百官赐春饼，于是这食物瞬间高级了许多。

咬春是立春饮食中带有声音效果的一个，想象一个孩童捧着一块萝卜，咔嚓一口咬下去，又甜又脆，嘴里流着汁水。据说咬春吃萝卜可以解除春天的困乏。

打春牛

立春当日，农民要鞭打泥土做的牛，将其打碎之后，大家争抢，所以又称“打春”或“抢春”。打春牛有催牛耕田、勿误农时的含义，意思是老黄牛你别偷懒，要起来干活儿啦，不然就挨打啦。

周朝立春仪式

周天子提前三天开始斋戒（吃素），立春那天领着贵族臣属去东郊外迎春，祈求春种有收获，劳动有结果，天地有庇佑。同时赏赐群臣，颁布惠民政策。天子带头迎春，平民百姓也纷纷效仿，迎春仪式由天子到民间，世代流传。

春神——勾芒

勾（gōu）芒名重，是主宰草木和各种生命生长的神仙，也是主宰农业之神，和人首蛇身的伏羲（xī）一起掌管着春天。勾芒有着人的脸和鸟的身体，身长三尺六寸五分，象征一年三百六十五天；手执二尺四寸长柳鞭，象征着一年的二十四节气。

春燕

《荆楚岁时记》中记载：“立春之日，悉剪彩为燕以戴之。”女子用彩纸剪成春燕，戴在头上。后来人们又剪彩纸成小幡（fān），称之为“春幡”。

润物无声——雨水

雨水一般在公历的2月18日到20日前后，这个时节气温回升，冰雪融化，降水也随之增多，因此称为雨水。雨水之后，我国大部分地区气温上升，人们可以真切地感受到春意。冬麦普遍返青生长，而且对水分的要求很高，可以说此时真是“春雨贵如油”。

雨水三候

一候獭（tǎ）祭鱼

二候雁北归

三候草木萌动

水獭生活在我国黄河流域以南，树林环绕的河流、湖泊一带。雨水节气来临，天气转暖，水獭也十分活跃，它们会把捕到的鱼摆在岸边，就好像人祭祀时摆上祭品一样，所以这一候叫獭祭鱼。实际上，这可能是水獭炫耀战利品的行为。

雁北归，大雁是候鸟，秋天飞往南方越冬，待到春季河开，大雁就回归了。

“萌”是草木的嫩芽，鹅黄配嫩绿，甚是好看，小草一点点破土，近看稀稀落落，远望却一片葱茏，这就叫“草色遥看近却无”。

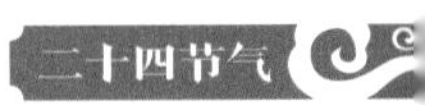

倒春寒

雨水时节“乍暖还寒”，很可能发生“倒春寒”。倒春寒是指早春天气没有根本转暖，冷空气又突然占据上风时，气温骤（zhòu）然下降。寒冷的冬天冻不死越冬的植物，而此时寒冷的春天则可能伤害已经长出嫩芽的植物。

雨水前后的节日——元宵节

古人称夜为“宵”，正月十五是一年之中的第一个月圆之日，因此被称为“元宵节”，又称“上元节”。因东汉明帝提倡佛法，敕（chì）令在元宵节点灯敬佛，因此元宵节又被称为“灯节”。南北方因地而异，在元宵节这天，民间有吃元宵、闹元宵、猜灯谜、放烟火、舞龙灯等不同习俗。

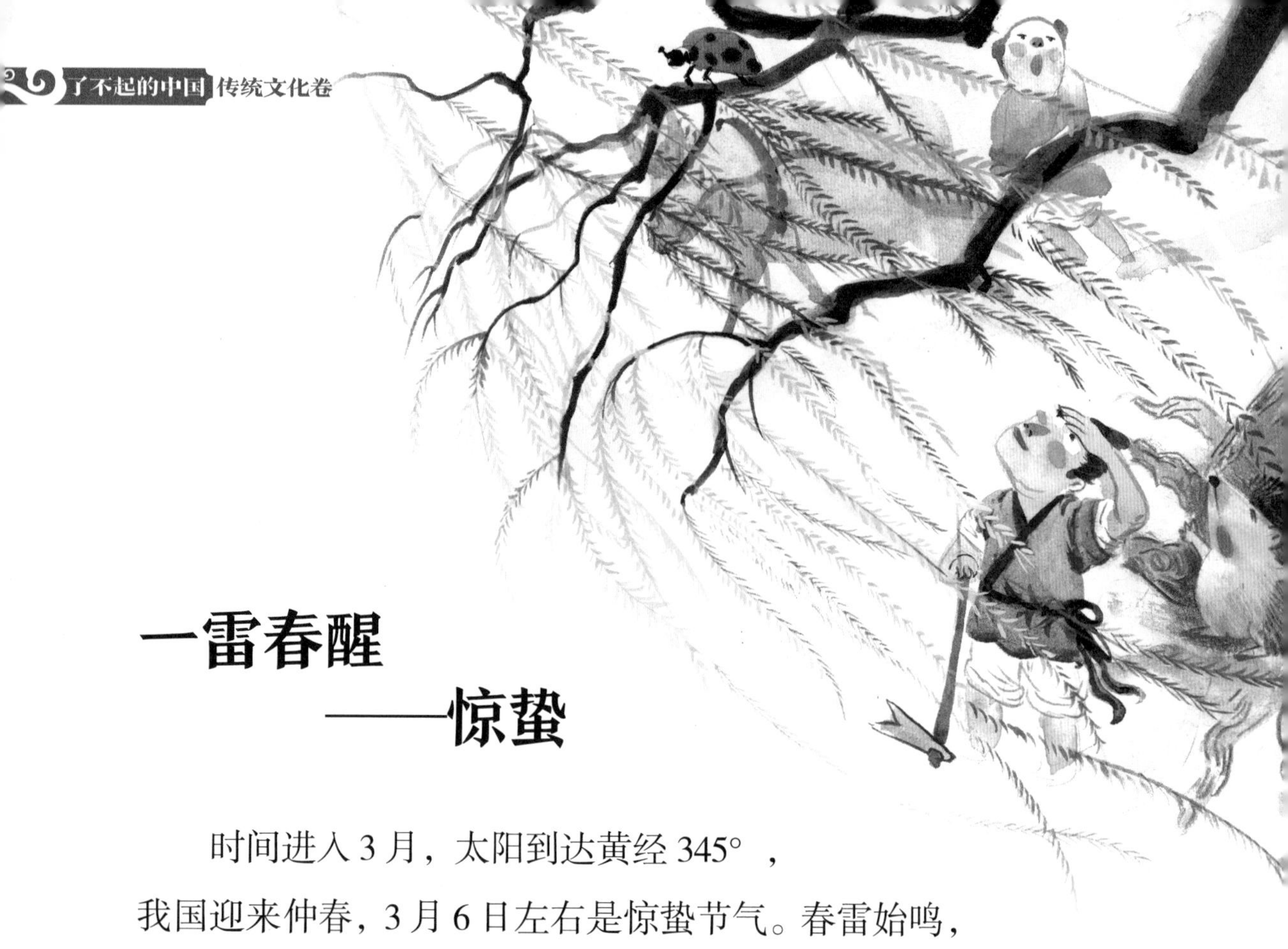

一雷春醒
——惊蛰

时间进入3月，太阳到达黄经345°，我国迎来仲春，3月6日左右是惊蛰节气。春雷始鸣，像闹钟一样，彻底叫醒了地下冬眠赖床的小动物，“启户始出”，小动物像人类一样打开家门，纷纷到外面活动，所以这个节气叫“惊蛰”。

惊蛰三候

一候桃始华

二候仓庚（gēng）鸣

三候鹰化为鸠（jiū）

华就是花，春华秋实就是春天的花和秋天的果实，惊蛰前五天，人们会看到“桃之夭（yāo）夭，灼（zhuó）灼其华”。

仓庚是黄鹂鸟，《诗经·豳(bīn)风·七月》：“春日载阳，有鸣仓庚。”想象一下，桃花烂漫，粉红娇艳，歌唱家黄鹂又在春光下大展歌喉啦——春日真美！

鹰化为鸠就有些玄幻色彩了，鹰是老鹰，鸠是鸠类鸟，比如斑鸠。不同的鸟类怎么会相互变化呢？难道是二郎神？春天是动物繁衍的季节，盘旋在高空的雄鹰这时躲起来过自己的小日子，人们很难见到，而地上的鸠则走来走去开始热热闹闹地求偶。鹰不见了，鸠遍地都是，人们就误以为鹰变成了鸠。鹰化为鸠实际是指鸟类正在繁衍的时候。

大地回暖

人们把惊蛰想象为动物被雷声闹铃惊起，是很有意思的画面。其实，惊蛰时天气大幅转暖，艳阳高照，人们切实感受到了春意，而那些睡懒觉的小动物，也是因为这种温暖才出门活动的啊！

春色中分——春分

春分一般在每年公历的3月20日或21日，春分这天太阳到达黄经0°，太阳直射赤道，昼夜均等。春分的“分”，既是指将白天和黑夜均等划分，又有平分春季的意思。春分过后，白昼一天比一天长，气温回升很快，江南进入了“桃花汛期”。最明显的标志，就是燕子来了。

春分三候

一候玄鸟至
二候雷乃发声
三候始电

玄是黑色，玄鸟指燕子，古人说玄鸟司分，也就是说燕子是来定春分、秋分的信使。春分时节燕子从南方飞回，“燕”字两旁“北”字拆开的结构表示燕子的两翅，下边的四点底表示火，意味着燕子的到来给北方黄河流域带来了暖流。

在古人心中，雷和电是两种东西，一个侧重音响效果，一个侧重视觉效果。古人惧怕天雷，也敬畏天雷，对春雷则有极高的期待。如果春分不打雷，没有电光，就代表君主失德，这可是很严重的警示。

春分日

【宋】徐 铉

仲春初四日，春色正中分。
绿野徘徊月，晴天断续云。
燕飞犹个个，花落已纷纷。
思妇高楼晚，歌声不可闻。

春耕

春分之时，农民进入最繁忙的时候，《九九消寒歌》里说："九九加一九，耕牛遍地走。"春分正是度过九九八十一天严冬之后农忙的日子。清人宋琬（wǎn）有首诗《春日田家》："野田黄雀自为群，山叟（sǒu）相过话旧闻。夜半饭牛呼妇起，明朝种树是春分。"夜里农夫去给牛加餐，回来还叫醒了老伴儿，商量第二天春分种树的事情。可见春季里万物生长，侍弄庄稼的人有多么忙碌啊！同理，学子们也常用春朝来激励自己，珍惜时间，珍惜韶（sháo）华。

竖蛋

春分这天，选择一个光滑匀称、生下来四五天的鸡蛋，找到合适的位置就可能把它竖立在桌子上。蛋之所以能竖起来，是因为春分这天昼夜均等，地球上的物体处于力的相对平衡状态。而选择生下来四五天的蛋，是因为其蛋黄下沉，重心下移，更容易竖起来。

日神羲和

春分这天要祭日神。据《山海经》记载，日神羲和本领十分强大，是中国古代神话中帝俊的妻子、太阳的母亲，生了十个太阳。她每天驾着神龙拉的车子，从东到西驶过天空。

羲和

北京的日坛，就是明、清两朝皇帝春分当日祭祀日神的地方。

春分前后节日——花朝节

花朝节是纪念百花的生日，也称“花神节”。花朝节的节期因地而异，不过大致时间在惊蛰和春分之间。花朝节各地风俗众多，人们结伴到郊外游览赏花，称为“踏青”；姑娘们剪五色彩纸粘在花枝上，称为“赏红”。

赏红

万物洁齐——清明

清明在每年公历的4月4日到6日。清明又称踏青节。“梨花风起正清明”，此时气候转暖，各种果树也进入了花期。清明不但是节气，还是我国传统祭祀祖先的节日，祭祖、扫墓和寒食都是清明重要的节日习俗。从周代开始，距今已有两千多年的历史。

清明三候

一候桐始华

二候田鼠化为鴽（rú）

三候虹始见

桐树是一大类树木，我们最熟悉的就是梧桐，它也是传统文化中具有吉祥寓意的树种。清明节的前五天，人们会见到桐树开了花，梧桐繁盛的时候，凤凰就该来了吧。

清明的中间五天，轮到田鼠变身了。其实田鼠也只是因为天气热了而转移至地下工作，晚上再出来，并不是变成了别的什么动物。鴽是鹌鹑类小鸟，喜欢暖阳，它们在这个时候出来活动，人们就误以为是田鼠变的，真是个好玩儿的误会。

虹美丽多变，古人认为虹是阴阳交会之气，阳光太足，或者阴雨不断，都不会产生虹，也就是阴阳刚刚好时，才会出现美丽的彩虹。

清明植树

清明前后，温度渐高，雨水增多，植树成活率高，成长得也更快。自古以来，我国就有清明植树的习惯，因此，植树节最初定在每年的清明节。1928 年，为纪念孙中山先生逝世三周年，植树节改为 3 月 12 日。

清明活动

清明外出踏青时，特别适合做一些户外活动：蹋球（蹴鞠，音 cùjū）、荡秋千、斗草、放风筝、拔河、斗鸡……人们把能在户外进行的活动项目都搬出来玩儿，好像一场春季运动会。

三节合一

清明节是三节合一的节日，清明在最早的时候只是节气，寒食节和上巳（sì）节才是人们重点对待的节日。

上巳节是农历三月初三，人们在这天踏青、祭神、祓禊（fúxì，去水边沐浴来消除疾病）、饮宴，青年男女还会借着出门踏青的机会约会，是一个快乐的节日。现在清明节中踏青的习俗就来源于上巳节。

寒食节又称“冷节”“禁烟节”，在冬至之后一百零五天，届时人们禁火（不生火做饭）、吃冷食，还要扫墓、祭祀，是一个凄清的节日。清明节中扫墓的习俗来源于此。

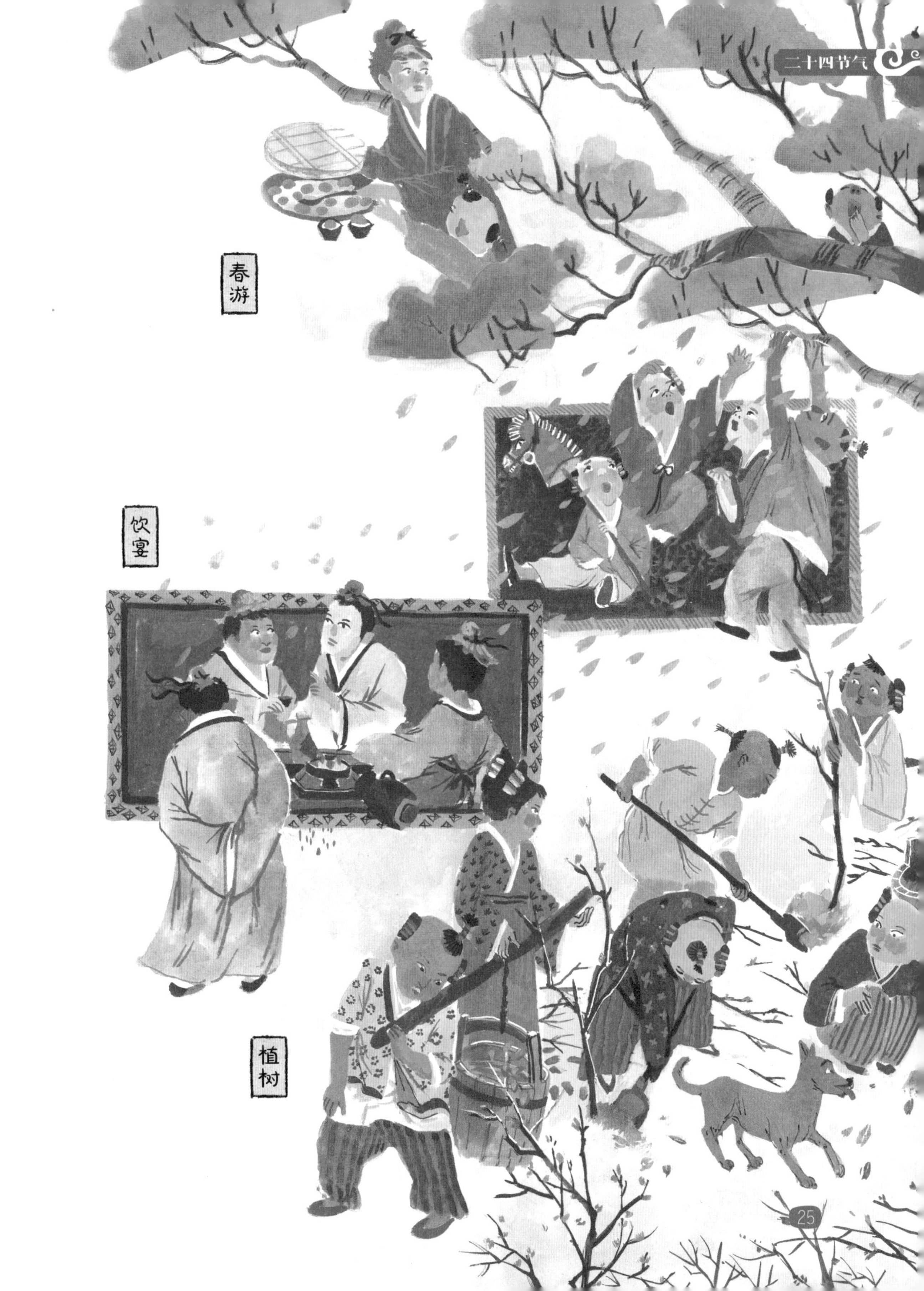
春游
饮宴
植树

雨生百谷——谷雨

谷雨是春季的最后一个节气，在每年公历的4月19日、20日或21日。这时寒潮结束，雨水增多，有利于谷类作物的生长，故而得名谷雨。“谷雨时节种谷天，南坡北洼忙种棉。”此时，大江南北开始栽种棉花、春小麦、玉米等农作物。

谷雨三候

一候萍始生

二候鸣鸠拂（fú）其羽

三候戴胜降于桑

浮萍喜欢潮湿，最怕寒冷，等到浮萍都在池塘中生出嫩叶时，天气就真的暖和了。

鸠要鸣叫，是因为这个时候正是它们繁育的季节，鸣叫高歌是在寻找“爱人”呢。它们还时常用嘴梳理自己的羽毛。

戴胜这个名字很奇怪，它也是一种鸟，长着漂亮的头羽，好像戴上了美丽的彩胜（一种头饰）。戴胜落在桑树上，寓意非常吉祥，桑树决定了养蚕业的繁盛，影响着中国人丰衣足食中“丰衣”的追求。

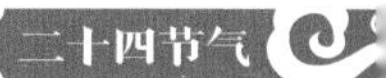

种瓜点豆

老话说："谷雨前后，种瓜点豆。"谷雨一发出信号，农民就知道忙什么正当时。黄豆、地瓜、花生正好在这个时候种植，棉农还要种棉，菜农要忙着栽种瓜菜。

赏牡丹、祭仓颉

谷雨前后是牡丹花盛开的主要时段，所以牡丹花也称"谷雨花"。"谷雨三朝看牡丹"，赏牡丹也成为谷雨时节人们闲暇时的主要休闲活动。

"谷雨祭仓颉"也是流传了几千年的传统，先有仓颉造字，后有雨生百谷，才有了"谷雨"这个节气。因此人们用谷雨来纪念仓颉以及他作出的贡献。

夏

古人说：“夏，假也，物至此时皆假大也。”古人又说：“斗指东南，维为立夏，万物至此皆长大。”夏就有了大的意思。古人还说：“夏，大也。故大国曰夏。”所以中国也叫华夏，是泱泱大国、礼仪之邦的意思。

熏风带暑——立夏

立夏是二十四节气中的第七个节气，也是夏季的第一个节气，在每年公历的5月5日或6日，“立，建始也”，标志着一年中夏季的开始。夏天到来，春天播种的植物已经繁荣长大了，天地处于最宽和的季节，“万物生长”就在此时。古时立夏这天，帝王与群臣都要穿着朱色衣服，到京城南郊迎夏，举行迎夏仪式，祈盼丰年。

立夏三候

一候蝼蝈鸣

二候蚯蚓出

三候王瓜生

蝼蝈（lóuguō），东汉经学家郑玄注释说是蛙，“蝼蝈鸣”指的是“听取蛙声一片”；《月令七十二候集解》里认为蝼蝈是蝼蛄（gū），就是我们俗称的蝲蝲蛄（làlàgǔ），“蝼蝈鸣”就引出了那句老话：“听蝲蝲蛄叫还不种庄稼了？”意思是说尽管有害虫，也是要种庄稼的。

蚯蚓是“地下工作者”，它们的活动让土地更加肥沃，易于耕种，农民十分欢迎它们。

王瓜是葫芦科植物，是一味中药，可以通血脉、除热毒。立夏最后的五天，王瓜的瓜藤会快速攀缘生长。

小儿斗蛋

立夏时专属孩子的趣事就是用煮好的鸡蛋斗蛋。斗蛋时蛋的头与头相斗，尾与尾相斗，蛋破即输。民间有谚语“立夏胸挂蛋，孩子不疰（zhù）夏”，疰是不适应气候而得的病，挂蛋、斗蛋有保护孩子健康的心意。

称人

立夏这天，南方还有称人的习俗。在村里集会的地方悬起一杆大秤，下面绑上条凳或大箩筐，村里人都热热闹闹去称重。司秤官说着吉利话，老人、姑娘、孩子都乐哈哈。据说称重可以减少炎夏的烦恼，也会对未来更有期许。

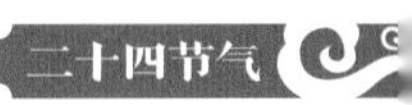

小得盈满——小满

小满在每年公历的5月20日到22日。《月令七十二候集解》中说："四月中，小满者，物至于此小得盈满。"此时我国北方的大麦和冬小麦等夏熟作物已经结果，灌浆饱满，但尚未完全成熟，还不能收割，不过已丰收在望，因此称为"小满"。

小满三候

一候苦菜秀

二候靡草死

三候麦秋至

古代中国农民不常吃肉，只有盛大节日时才能食到肉味，粮食才能让人吃饱。而夏初季节，粮食还未成熟，上一年的陈粮已经吃完了，人们为了喂饱肚皮，就得想很多办法充饥。苦菜是常见的野菜，漫山遍野生长，人们不嫌它苦，反而在初夏时节感谢它养活家人。

靡（mí）草害怕骄阳，夏天天气热，靡草就枯死了。古人相信天人感应，他们认为如果到了小满靡草不枯死，那么国内就要盗贼蜂起了。

东汉蔡邕（yōng）的《月令章句》里有："百谷各以其初生为春，熟为秋。故麦以孟夏为秋。"麦秋至就是麦子将要成熟。新麦带着麦芒，未完全成熟的时候还有甜滋滋的汁水。小满的时候，新麦即将被骄阳催熟。

祭车神

祭车神是一些农村地区古老的小满习俗。在相关的传说里，车神是一条白龙，人们在水车上放上鱼肉、香烛等物品祭拜它。祭品中会有一杯白水，祭拜时将白水泼入田中，有祈求风调雨顺的意思。

麦黄农忙——芒种

芒种在每年公历的6月5日、6日或7日。芒种的“芒”指的是有芒的作物，如小麦和大麦等迎来收获；芒种的“种”，是指播种的“种”。芒种时人们既要忙着夏收，还要忙着夏种，真是“芒种少闲”。

一候螳螂生

二候䴗（jú）始鸣

三候反舌无声

每年秋天，螳螂把卵产在墙缝、石缝里，到了第二年芒种时节，这些卵就会孵化出小螳螂。螳螂是肉食性昆虫，举着两把“大刀”，威风凛凛，对付农田里的害虫很有一套。

䴗是伯劳鸟。西周时有位大臣叫尹吉甫，他听信了继妻的谗（chán）言，把前妻留下的儿子伯奇杀死了。后来他看到桑树枝头鸣叫的小鸟，心中悲痛不已，说：“伯奇劳乎？是吾子，栖吾舆；非吾子，飞勿居。”意思是说，你这只鸟如果是我儿子伯奇，就跟我回家住，如果不是，就飞走吧。

结果这只鸟真的跟他回家了。伯劳是一种非常凶猛的鸟，捕食田间的虫类、蜥蜴、老鼠，甚至还包括其他鸟类，最吓人的是，它们还会把猎物挂在树枝、篱笆上，好像肉串一样，以此炫耀战利品。

反舌也是一种鸟。夏季天气好，活跃的动物特别多，它们歌声动听，但却受不了囚禁，如果人们想饲养成年反舌鸟，把它们关在笼子里欣赏，那么多半会得到撞笼而亡的尸体。反舌鸟每年春天开始歌唱，到了五月芒种时节开始静默。

芒种前后的节日——端午节

端午节在农历的五月初五。五五端阳，暑气渐盛，人们吃粽子、赛龙舟，并在这一时间做大量保健祛（qū）疫的工作，防止在暑热中生病。

芒种煮梅

芒种煮梅的习俗起源于夏朝。梅子具有营养保健功能，但酸涩不好吃，因此人们将其与糖一起熬（áo）煮。我国北方的消暑佳品——酸梅汤就是其中最有名的代表。

夏至日长——夏至

夏至在每年公历的6月21日或22日，是最早被确立的节气之一。这一天，太阳直射北回归线，北半球的白昼时间最长。夏至过后，北半球白昼日渐缩短，因此民间有“吃过夏至面，一天短一线”之说。

夏至三候

一候鹿角解

二候蜩（tiáo）始鸣

三候半夏生

古人认为鹿属阳，而阴阳是循环相生的，夏至日阳气最盛，所以阴气生，那么属阳的鹿角便开始脱落。如果这时候鹿角不脱落，则表示战争不会停止。

古人对蝉有种迷信，因为不知道它们是从哪里生的，也不知道它们吃什么，就以为蝉永生不死，只吃露水，便把蝉想象为特别高洁的“至德之虫”。夏季如果没有蝉鸣，那夏天的气氛好像都淡了许多。

半夏是一种草药，可以治疗痰多咳嗽、呕吐眩（xuàn）晕。半夏之所以叫“半夏”，是因为它生在夏季的当中，名字自然也就这样叫了。未经炮制的半夏称为“生半夏”，有毒，误食后可能会导致舌头麻木，咽喉难受等。

夏至面

夏至吃面是北方人的传统。此时正值小麦收获，人们用新小麦磨成的面粉做出各色面条，有尝新之意。

夏至食面

影子最短

夏至这一天，太阳直射北回归线，太阳高度角最大，所以影子最短。在北回归线地区，还会出现“立竿无影”的奇观。

热气犹小——小暑

每年公历的7月6日、7日或8日，进入小暑节气。从小暑开始，炎炎夏日就要开始了。小暑即为小热，意思是天气开始炎热，但还没到最热。

小暑三候

一候温风至

二候蟋蟀居壁

三候鹰始鸷(zhì)

温风指的是南风，也叫暖风，这里的温风不是温的，而是热浪，风吹过来凉丝丝的感觉不见了，到处都是热乎乎的，尤其在南方，这种感觉非常明显。

蟋蟀本来生活在野地里，小暑天气开始炎热，蟋蟀就来到田舍农家，和人一起共享屋宇了。蟋蟀在民间也叫促织，有催促妇人快些织作，早点儿备衣的意思。

夏天里，雏鹰在学习如何飞翔，唐代元稹有诗云："鹰鹯(zhān)新习学，蟋蟀莫相催。"

晒衣节

“六月六，家家晒红绿”，这天被称为“晒衣节”，又名“晒龙衣”。有传说乾隆南巡到扬州时遇上大雨，衣服被淋湿，只能等雨过天晴，将衣服晒干再穿上，这天恰好是六月六，因此有了“晒龙衣”之说。如果乾隆真的会穿上淋湿后晾干的龙衣，那他可真是勤俭持家的表率。

《燕京岁时记》里记载，清朝宫中会把收在库房里的东西在盛夏翻出来晒一晒，这当然是防止霉变的好方法——不论民间还是皇宫，谁家衣物不生霉呢？

晒被

三伏

冬天有三九，夏天有三伏。人们在冬天数冬九九过日子，在夏天也数夏九九，叫“数伏”。伏，分为初伏、中伏、末伏，是一年中最热的一段时间。初伏和末伏各10天，中伏有时10天，有时20天。中国北方有“头伏饺子二伏面，三伏煎饼摊鸡蛋”的吃食习俗。

消暑妙法

古人没有空调，夏天可热坏了。

清宫有记载，冬天的时候凌人取冰存在冰窖，夏天便取出来消暑使用。有时皇帝还会将冰赐给表现好的大臣，以示恩典。现在的故宫博物院里，沿着武英殿旁边的小路向北走下去，就能走到当年的冰窖，不过现在已经改为游客们用餐的餐厅了。

古代老百姓存不起冰，于是他们在夏天就吃西瓜来消暑。西瓜在夏天成熟，正是最好的应季水果。

除了甜西瓜，还有苦瓜、苦菜、苦莲心。古人重保养，夏季多吃苦，才有健康的身体。

北京四合院最早的夏景是凉棚、鱼缸。夏季，人们会在四合院中间的空地上支起凉棚乘凉。想象一下，红鲫鱼在鱼缸里时上时下，人们卧在凉棚之下的躺椅上，手里摇着蒲扇，旁边摆着西瓜，耳里听着蝉鸣——这才是夏天。

衽席焚灼——大暑

很多人写过《大暑赋》，其中建安七子之一的王粲（càn）这样写道："兽狼望以倚喘，鸟垂翼而弗翔。"动物们都受不了了，狼热得伸着舌头直喘气，鸟都不飞了，垂着翅膀。还有"患衽（rèn）席之焚灼，譬洪燎（liáo）之在床"，连床席都好像着了火一样。

大暑在每年公历的 7 月 22 日、23 日或 24 日，在三伏天里的"中伏"前后，是一年中最热的时期，此时喜热作物生长速度达到最高值。大暑前后，很多地方的旱涝和风灾等自然灾害，也进入了高发期。

大暑三候

一候腐草为萤

二候土润溽（rù）暑

三候大雨时行

邂逅萤火虫是夏夜最浪漫的事，萤火虫会把卵产在枯草间，古人见到萤火虫从草中飞出，以为是草化的，更添浪漫色彩。

"溽"在《说文解字》里解释就是湿暑，组词就组"溽暑"，真是听起来就又湿又热，仿佛在蒸包子一样。在南方沿海地区生活的人就有这种切身体会。

大暑是我国黄河流域降雨最多的时节，一年四分之一的降水都在此时，而且雨量大，雷雨多，气象学上叫"强对流天气"。

溽暑的福气

大暑有两大特点：一湿，二热。

“小暑雨如银，大暑雨如金”，大暑下大雨，粮食和棉花收成才会好。

“大暑不暑，五谷不起”“六月不热，五谷不结”，如果此时天气不热，田里的收成也不会好。

所以，人们在期待凉爽夏天的同时，也要想一想盼望一年收成的农民。该热的时候热，该冷的时候冷，该下雨下雨，该下雪下雪，才是符合天意、顺应自然的。

大暑庙会

浙江椒江口附近，每年大暑前后都有专门的大暑庙会。庙会的高潮是送“大暑船”。大暑船与普通捕船大小相当，通身呈蓝色，船上载有神龛（kān）和香案，由几十个壮汉抬着在街上游行，然后运送至码头，由渔船拉出海点燃，人们用这种方式祈祷生活安康。

伏日吃什么

很多人苦夏，热得吃不下饭，在夏天会瘦一圈。

不过伏日也有传统吃食。《荆楚岁时记》里记载，“六月伏日，并作汤饼，名为辟恶。”汤饼是很古老的面条，那时的面食都叫饼，面团扯成片下到汤里煮，当然就叫汤饼了。

《魏氏春秋》里还有个好玩儿的故事：何晏的皮肤又白又细，像傅（fù）了粉一样，被称为“傅粉何郎”，人们想知道他是擦了粉底还是真的很白，于是开始观察他。有一次，何晏在伏天吃汤饼，流了满头的汗，人们发现他用巾帕擦脸之后，脸还是很白，“面色皎然”，所以证明了人家没化妆，是自然白。

斗蟋蟀

大暑时期，民间的休闲娱乐活动非斗蟋蟀莫属。斗蟋蟀发源于长江流域和黄河流域中下游，从唐至今，经历了漫长的岁月。每年大暑节气,乡间野地里蟋蟀数量剧增。一些地方斗蟋蟀取乐的风俗，会从大暑开始一直到秋末，持续近百日。

秋

秋字从火，古人以大火星出现在正南时为秋季之始。大火星就是天蝎座 α（希腊字母，读“阿尔法”）星。《说文解字》里说：“秋，禾谷熟也。”观察秋的篆（zhuàn）文，真的就像谷穗成熟，沉甸甸地压垂了头。

再早一些，在甲骨文里，秋字“像蟋蟀形或以火烤蟋蟀之状，为秋季的景象”。象征着秋天收获谷物之后，要焚烧秸（jiē）秆，以便消灭害虫，给土地增加肥料。但是现在已经严禁焚烧秸秆，以免破坏生态环境，带来安全隐患。

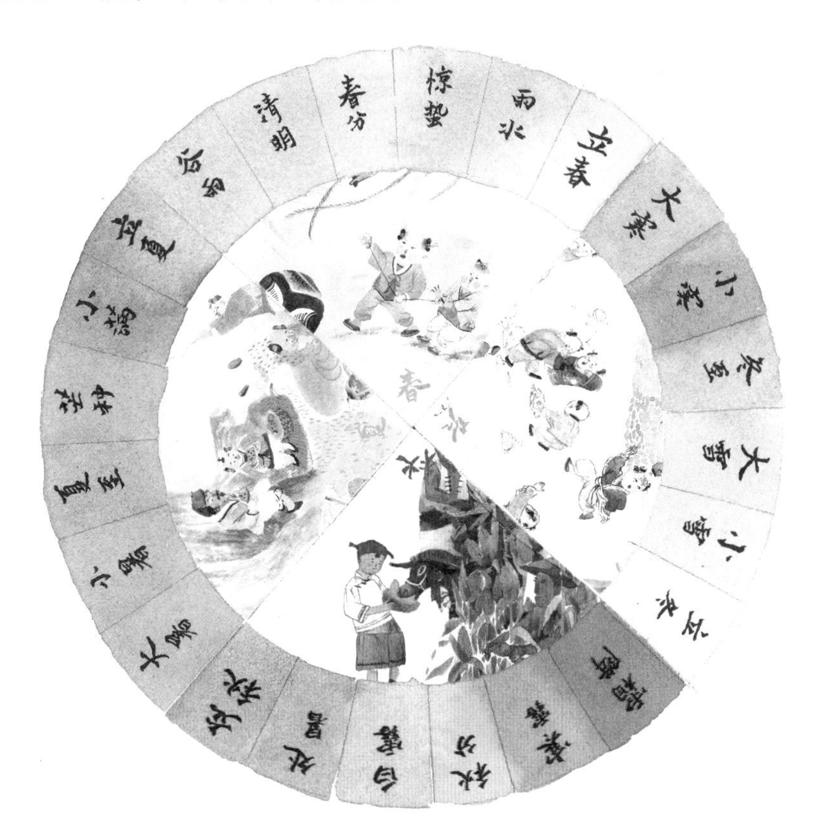

凉风有信——立秋

立秋是标志秋天开始的节气，在每年公历的8月7日、8日或9日。秋天的到来是一件大事，“斗指西南，维为立秋，阴意出地，始杀万物。”古人体验自然细致入微，凉风一起，便知道秋季到来了。

秋季果实累累，是收割，也是摘取，丰收的季节在和平年代迎来的是喜悦。

立秋三候

一候凉风至

二候白露降

三候寒蝉鸣

一入立秋，尤其在北方地区的傍晚会感觉凉风习习，这种风与夏天闷热的风完全不同，凉风就像信使，吹过人皮肤上的汗毛，轻轻地告诉你秋天来了。

凉风在傍晚来临，昼夜温差开始增大，空气中的水汽会在清晨结为露珠，立秋的中间五天里，露水就出现了。

“寒蝉凄切，对长亭晚，骤雨初歇。”古人解释寒蝉是蝉的一种，比夏天的蝉小，叫作寒螿（jiāng）、寒蜩。也有解释说寒蝉就是鸣叫低沉乏力的蝉。不论是什么品种，蝉鸣在夏天与在秋天，带给人们的心灵触动完全不同。蝉将在秋季退场，它们正用最后的歌声展示自己的生命力。

迎秋

周朝在立秋时，天子亲率三公六卿诸侯大夫，到西郊迎秋，并举行祭祀仪式。发展到宋朝时，立秋这天，宫人会把盆栽梧桐移入室内，立秋时辰一到，太史官便高喊："秋来了！"并摇落一两片梧桐叶，表达报秋的意愿。

贴秋膘

炎炎夏日，人们往往胃口不佳，而立秋之后，天气逐渐凉爽，人们胃口大开。在立秋这天，普通老百姓家都会炖肉吃，讲究一点儿的家庭还会吃红烧肉、炖鸡鸭鱼等，又叫作"贴秋膘（biāo）"。

暑气将止——处暑

每年公历8月22日、23日或24日，是处暑节气。“处，止也，暑气至此而止矣。”因而处暑意味着暑气至此将消失，开始进入秋季了。此时真正进入秋季的只是东北和西北地区，华南地区气温仍比较高，而在高海拔地区甚至会出现初冬景象。

处暑三候

一候鹰乃祭鸟

二候天地始肃

三候禾乃登

鹰上次出现时还在学飞，到了处暑时节则开始大量捕食鸟类了。

天地始肃是指万物开始凋零。“一叶落而知秋”，有茂盛就有萧索，四季变迁之中，我们要能承受这种落寞。古人有诗云：“自古逢秋悲寂寥（liáo），我言秋日胜春朝。晴空一鹤排云上，便引诗情到碧霄。”看，只要心态积极向上，哪个季节都是美好的，自然从不缺少美，缺少的是发现美的眼睛。

“登”在最早的时候是两个意思，一个是登高的登，一个是

食器，表示双手捧着盛满丰收粮食的盛器，走上祭台敬献神灵。食器添满了，就表示丰收的意思。禾乃登寓意各种农作物丰收。我们知道五谷是稻、黍（shǔ，黄米）、稷（jì，小米）、麦、菽（shū，豆），五谷丰登，人们就不愁吃不饱饭了。

打青枣

打青枣是处暑时节人们最喜欢的一个节目，这时的人们会上山摘枣吃，对于那些够不到的枣，人们会用长长的竹竿敲击枣树。枣一落地，地上的大人、孩子们都会奔跑着来捡。

处暑前后的节日——中元节

农历七月十五是道教的中元节，还是佛教的盂（yú）兰盆节。中元节是道教为鬼张灯结彩庆祝的节日，而盂兰盆节则是佛教徒为父母添福添寿，或者帮助已逝的父母离开苦海，以报答养育之恩的日子。

秋决

古装剧里总说：“判某某秋后问斩。”这时始用刑戮（lù）成为古时的惯例。春夏恩养，秋冬肃杀，刑罚也要顺天应时。

泫露如泣——白露

白露在每年公历的9月7日前后，这时的天真的冷了，《月令七十二候集解》中说："阴气渐重，露凝而白也。"而古人以四时配五行，秋属金，金色白，因此称秋露为"白露"。

白露三候

一候鸿雁来
二候玄鸟归
三候群鸟养羞

鸿雁是大雁，玄鸟是燕子。大雁生活在野外，秋天到了，它们先飞走了。小朋友都知道大雁排队飞，一会儿排成

人字，一会儿排成一字，“八月初一雁门开，鸿雁南飞带霜来。”鸿雁在秋天去往南方，也给南方带去了寒冷的气息，所以秋天也叫“雁天”。而我们之前说过，大雁回归北方的时候，得到开春的雨水时节了。

燕子比大雁北归得晚，南飞时也略晚些，再回到北方得等到春分时节。

“羞”不是害羞，最早是食物的意思，后来被借去当害羞讲，古人又新造了“馐（xiū）”字来指食物。群鸟养羞就是说许多留鸟在抓紧储存过冬的食物。

白露为霜

“蒹葭（jiānjiā）苍苍，白露为霜。所谓伊人，在水一方。”空气中的水汽遇冷凝结成露，水珠一颗一颗停在草叶上。如果再冷下去，等到气温低于0摄氏度，就要结成霜了，这时水转为固态。露是霜的前奏，霜是露的续章。

白露茶

白露时，还有一种特殊的茶，叫白露茶。它不像春茶鲜嫩到不经泡，也不像夏茶干涩、味苦用来驱暑，而是别有一番清香、甘醇的味道，因此深受老茶客的喜爱。

吃龙眼

白露时，福州还有吃龙眼的习俗。相传哪吒闹海打死三太子，把他的眼睛挖出来，送给了一个叫海子的人。海子百岁终老后，坟头长出的大树结出果子，人们称其为龙眼。因为吃后可使人身体强壮，所以之后每年的这天，福州人都要吃龙眼，以求健康长寿。

白露养生

白露标志着凉爽秋季的开始，虽有“春捂秋冻”之说，但小孩子、上了年纪和身体虚弱的人，却不适合“秋冻”。秋季天气干燥，易出现阴虚肺燥的情况，使人咳嗽、嗓子干哑、皮肤干燥，此时应该多吃些新鲜水果。梨子滋润，很适合这个时候食用。

拜祭禹王

祭禹王

江苏太湖地区有白露拜祭禹王的习俗。禹王就是治水英雄大禹，被称为“水路菩萨”。每年正月初八、清明、七月初七和白露，那里都会举行祭禹王的香会，人们赶庙会、敲锣打鼓。其中清明和白露的拜祭规模最大，要持续整整一周。

团圆节

书中记载，早在周朝就有了天子春分祭日、夏至祭地、秋分祭月、冬至祭天的习俗。祭祀的场所也分别为日坛、地坛、月坛和天坛。

而现在人们过的中秋节离白露很近。这天人们仰望星空，看着圆圆的月亮，期盼家人团聚。因此中秋节也被称作“团圆节”。

平分秋色——秋分

秋分在每年公历的9月22日、23日或24日。秋分的“分”有两层含义：一是一天24小时昼夜均分，白天和夜晚一样长，全球没有极昼、极夜现象；二是秋分平分了秋季，真的是“平分秋色”了。

秋分三候

一候雷始收声

二候蛰虫坯（pī）户

三候水始涸（hé）

雷是属于春天和夏天的，古人认为那时阳气盛，是阳气带来了雷声；而秋冬阴气盛，雷都不打了。汉代有一首著名的乐府诗叫《上邪（yé）》，里面为了表达坚定的爱情，列举了世间绝不会发生的多种事情，其中就有“冬雷震震”。古人认为如果秋分之后还打雷，则说明诸侯王不正派，是阴险之徒。

在春天里的惊蛰节气，冬眠的小动物们起床出门，“启户始出”；到了秋分，小动物们则找到了藏身之所，关门准备睡大觉了。

涸是干涸，秋天天气干燥，降雨减少，与湿热的夏季完全不同，一些河流、湖泊会出现干涸的情况。

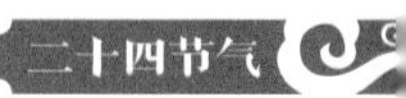

候南极

我国处于北半球，一年中只有在秋分后才能看到南极星，到春分后又看不到了。因此古人把南极星看成祥瑞的化身。秋分这天，皇帝要率领文武百官到城外南郊迎接南极星，被称为“候南极”。

秋祭月

我国古代有“春祭日，秋祭月”之说，“祭月节”曾定在“秋分”这一天，后来人们发现这一天在农历八月里每年都不同，而且有时会没有圆月，于是将“祭月节”由秋分改到农历的八月十五中秋节。

《北京岁华记》中记载了北京祭月的习俗：“中秋夜，人家各置月宫符象，符上兔如人立；陈瓜果于庭；饼面绘月宫蟾兔；男女肃拜烧香，旦而焚之。”

菊开叶红——寒露

每年公历 10 月 8 日左右，寒露节气开始。此时温度继续下降，地面露水有森森寒意，所以叫“寒露”。

寒露三候

一候鸿雁来宾

二候雀入大水为蛤（gé）

三候菊有黄华

鸿雁不是在白露时节已经去往南方了吗？先到的是主，后来的是宾，在白露时节早就飞走的大雁已经在南方住下了，寒露后到的就是宾客了。

寒露又一次出现了动物变身的情况。秋寒露重，雀鸟都躲起来了，海边却出现了很多蛤蜊（lí），古人就充满想象力地以为雀鸟钻入水中，变成了软体动物。清代奇书《海错图》里也有类似的想象，鱼和鸟雀也会变化，真是很有趣。

菊花在这个时间初放，华就是花。中国人特别欣赏菊花的冷艳，菊花开了，属于中国文人雅士的浪漫就要开始了。

重阳节

重阳节是在农历九月初九，又名“登高节”“女儿节”等。民间有登高、饮菊花酒、插茱萸（zhūyú）等习俗。这天还是传统的老人节。

赏红叶

寒露后，天气转冷，北方树木中的叶绿素受到破坏，而胡萝卜素和叶黄素占据优势，使叶片呈现浅红、橙黄之色。“万山红遍，层林尽染”说的就是漫山红叶的奇景。

霜临晚秋——霜降

霜降是秋季的最后一个节气，在每年公历的10月23日或24日。霜降反映我国北方“霜始降”的现象。此时我国黄河中下游地区出现初霜，东北地区更早些，长江流域则较晚。

霜降三候

一候豺乃祭兽
二候草木黄落
三候蛰虫咸俯

快到冬天了，所有的动物都在为过冬做准备。豺狼也要大量捕猎，并把猎物收集起来，古人认为这是在祭天酬神。

草木黄落很好理解，就是指落木萧萧，草叶枯萎，植物界也准备好了过冬。

建好家宅的动物们不动了，不吃不喝，进入冬眠状态。

祭旗阅兵

古代霜降这天，有祭旗神和阅兵大典，阅兵时还要举行骑术表演。这是因为中国古代多半在秋季讨伐敌寇，而为了应金风肃杀之气，所以就在霜降时节祭旗阅兵，这时的阅兵仪式称为“打霜降”。据说打霜降能吓退霜神，霜神就不敢轻易下霜进犯人间了。

柿子

霜降时节，南方很多地方有吃柿子的习俗，取意“霜降吃灯柿，不会流鼻涕”。其实是因为柿子在霜降前后才完全成熟，此时的柿子皮薄、肉多、味道鲜美，更含有丰富的营养，因此深受人们喜爱，并逐渐形成了霜降吃柿子的习俗。

霜降赏菊

霜降时节，菊花大开，花色丰富，在金色的阳光下竞相绽放。人们既喜欢菊花的清新高雅，又欣赏其傲霜耐寒的气概。所以，每到霜降时节，很多地方都要举行菊花会，表示对菊花的崇敬和爱戴。

最后的农忙

“霜降到，无老少。”霜降在一定程度上会给农作物带来危害，所以到了霜降时分，农田里的所有庄稼都要收割了，老老少少都要忙起来。“霜降不摘柿，硬柿变软柿。”“霜降不起葱，越长越要空。”大多数的农作物经不起霜冻，万担归仓，之后便是冬季了。

冬

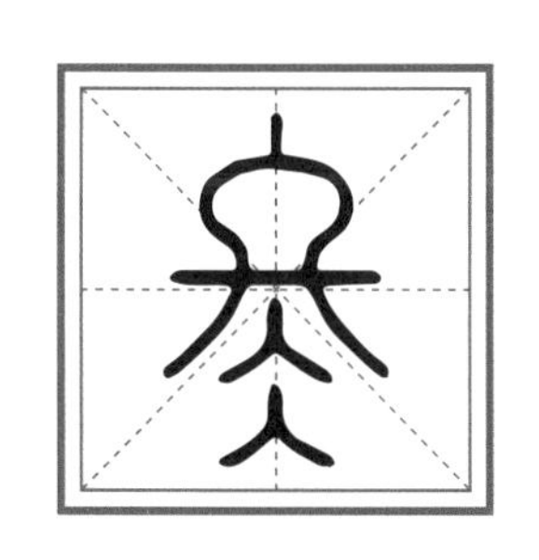

《说文解字》里说：“冬字从仌（bīng）从夂（zhōng）。四时尽也。”

“夂”在甲骨文里，是一段绳子的末尾打了两个结，表示记事的结束，意为终止。下面的“仌”是冰的意思。一年的终止，又有冰，可不就是冬天了嘛。古文的冬字里还有个太阳，太阳光微弱，被包裹了起来，表明这个季节是寒冷的。

包饺子

万物收藏
——立冬

立冬在每年公历的 11 月 7 日或 8 日。《月令七十二候集解》中说："冬，终也，万物收藏也。"立冬就是冬天的开始。

立冬三候

一候水始冰

二候地始冻

三候雉（zhì）入大水为蜃（shèn）

立冬是天寒地冻的开始，水始冰，地始冻。水面结了薄薄的冰，但没有全部封冻，土地也开始冻住，但并没有特别坚硬。

雉入大水为蜃的意思，相信小朋友都能读懂了。这次是大些的雉鸡变成了蜃，也就是大蛤蜊。天气越来越冷，变身的动物也越来越大了。

立冬吃饺子

立冬是秋冬之交，在天津地区，有立冬吃倭（wō）瓜馅饺子的习俗。夏天摘下的倭瓜经历长时间的储存，越加甘甜，这种倭瓜制成饺子馅，别有一番滋味。

迎冬

在农耕社会，人们都要在立冬之日休息一下，犒（kào）劳自己。这天，皇帝会亲率文武百官到京城北郊设坛祭祀迎冬，还会赏赐官员棉衣皮袄。如果此时赶上冬季第一场瑞雪，朝廷还会赏赐雪寒钱，之后，还要赏赐有丧事的家庭，表达怜恤（xù）照顾孤寡的意思。

初雪未盛——小雪

每年公历 11 月 22 日或 23 日为小雪，这是反映天气现象的节气。小雪时因为天气寒冷，降水由雨变为雪，但雪量不足，所以称为“小雪”；此时的雪多为半融化状态，或很快融化，又称“湿雪”；还有“米雪”，是指天上降下像米粒一样大小的白色冰粒。

《小雪三候》

一候虹藏不见

二候天气上升，地气下降

三候闭塞（sè）而成冬

节气是循环的，每年都会进行一遍，清明的时候开始出现彩虹，到了小雪时节彩虹就开始躲起来了。

天是乾，也是阳，地是坤，也是阴，所以天地又叫“乾坤”。天气上升就是阳气上升，地气下降就是阴气落在地上。这种说法比较玄幻，应该是古人的一种心理感受。古人还认为，如果这个时候没有出现天气上升，地气下降，那么君臣关系就会不太好。

闭塞成冬应该是小雪前两候的一个结果，也是整个冬季的中心意义，就是天地不交，闭塞不通。所以在这样天地不通的时节里，人们要冬藏，低调生活，注重内敛（liǎn）和自控。所以你看，大冬天人们都长时间待在屋子里，只在必要时才出门，很少出去招摇闲逛。天冷啊，“猫冬”理所当然。

腌寒菜

进入冬天后，人们要开始腌制寒菜，腌寒菜也叫腌泡菜、酸菜、元宝菜。人们先将各种青菜洗净、晾晒、吹软，之后进行腌制。腌菜可以作为多种食材的配菜，不仅可以烹制美食，也可以下饭、送粥。

北方收割早，腌寒菜的劳动时间也早，一般在秋末冬初就开始进行了。越往南方越晚，可以持续到仲冬时节。《荆楚岁时记》里有：“仲冬之月，采撷（xié）霜燕菁（jīng，蔓菁，俗称大头菜）、葵等杂菜干之，并为咸菹（zū，腌菜，酸菜）。”还说：“菹既甜脆，汁亦酸美。”想象一下便觉得爽脆可口。

大雪雪盛——大雪

大雪在每年公历的12月6日、7日或8日，天气不是冷，是特别冷；雪不是雪，是好大雪。大雪之后，下雪的天数和雪量都在增加。我国北方真的是“千里冰封，万里雪飘”。北方室外极冷，但室内已经供了暖气，一首歌里唱道：“我在北方的寒夜里四季如春”，就是北方冬天的人们在室内的写照。而江淮地区则进入一年之中最冷的阶段，网友们每到这时都会进行比较，并戏称南方的冬天为“魔法攻击”。

大雪三候

一候鹖鴠（hédàn）不鸣

二候虎始交

三候荔挺出

小朋友知道寒号鸟的故事吗？鹖鴠说的就是它。古人说这种鸟属阳，在大寒时感到阴气至极所以不鸣叫了。其实我们猜想就是因为天太冷了吧。

老虎，尤其是东北虎可不怕冷，它们生活在深山老林里，独来独往，威震森林。老虎在冬天做什么呢？找对象。

荔是马蔺（lìn）草，这种草在我国广泛分布，生命力非常顽强。动物界的老虎开始找对象，植物界的马蔺草也同样不怕冷地抽出了新芽。

大雪兆丰年

古人爱雪、赏雪、颂雪，留下了许许多多关于雪的诗篇。

农民则从心底更加欢迎雪，“冬天麦盖三层被，来年枕着馒头睡。”雪是大地的衣服、被子，也是大地在寒冷的冬天最好的保护。待春天来到，土层里的害虫已经被冻死，土壤里埋藏的根茎也因受到保护而完好如初，再次萌芽。雪化为水，滋润大地，蒸腾至天空化为春雨。大雪是美景，也是赐福，更是吉兆。

江雪

江　雪

【唐】柳宗元

千山鸟飞绝，万径人踪灭。
孤舟蓑笠翁，独钓寒江雪。

至日夜长——冬至

每年公历12月21日、22日或23日为冬至，这天太阳直射南回归线，北半球白昼最短，黑夜最长，被称作“最漫长的黑夜”，所以叫“至日”。天文学上把冬至作为北半球冬季的开始。冬至之后，我国全国都进入最寒冷的时期，俗称“进九”。

冬至三候

一候蚯蚓结

二候麋（mí）角解

三候水泉动

蚯蚓冬季深藏在土中，因为寒冷而蜷曲着身体，活动能力降到最低。

鹿角向前生长，所以古人认为它属阳，夏至时阳气至极而阴气生，所以鹿角脱落。麋鹿的角向后生长，古人认为它属阴，那么冬至日阴气至极而阳气生，就到了麋鹿角脱落的时候了。

冬至的最后五天，阳气生发，山泉涌动，古人对自然的崇拜就体现在这点点滴滴中。

冬至祭天

冬至家家祭祖庙、拜父母师长，是非常重要的日子。民间祭祖，皇家祭天，明清两朝时，均有冬至祭天的传统。这天，皇帝要率领文武百官到天坛祭天。现今北京的天坛就是明清两代皇帝祭天的地方。

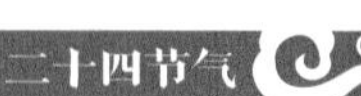

腌腊肉

“冬腊风腌，蓄以寒冬”。到了冬天，农活忙完，气温下降，是腌制腊肉的好时节。因此，家家户户都要动手制作香肠、腊肉，制好后放在屋檐下自然风干，等到春节时便可以享受美味了。

冬至年

古人认为冬至为吉日，要过节庆贺，故有“冬至大如年”之说。这个时候朝廷不上班，全国各部门放假，都处在热闹过节的氛围中。据说在汉代时，皇帝在这天还要“奏八音”，将平时不用的八种乐器同时拿出来演奏。

九九歌

一九二九不出手，三九四九冰上走，五九六九河边看柳，七九河开，八九燕来，九九加一九，耕牛遍地走。

九九消寒图

我国民间有专门的“九九消寒图”来记录数九的进度。常见的消寒图是一棵梅树，树上开着九朵梅花，每朵花有九瓣，人们从冬至开始，每天用红笔涂满一瓣，等到九朵花全部涂满已是节交惊蛰，进入春耕之时了。

雁迁思归——小寒

小寒在每年公历的1月5日或6日，表示寒冷的程度。小寒时节，我国东北已经进入冰雕玉琢的世界，把小寒和还没到来的大寒放在一起比较，小寒似乎是个小弟，但其实，很多地方小寒胜过大寒。冷是冬天的主旋律，而当冷气集聚起来，就是真正的寒了。

小寒三候

一候雁北乡

二候鹊始巢

三候雉始雊（gòu）

冬至已经过去，最漫长的黑夜也已经过去，虽然此时是最冷的时节，但阳气是开始萌发的。大雁敏锐地感觉到了阳气萌生，于是开始向北迁移。

肥大的喜鹊在干枯的枝头上开始忙碌。古人喜欢喜鹊，喜鹊登枝更是吉兆。喜鹊此时衔着小树枝开始营巢，也给人类带来冷风中大大的欢喜。

雉是野鸡，冬雪覆盖的野地里，野鸡感受到了阳气，开始鸣叫找寻伴侣。

腊祭

腊祭是我国古代祭祀节日之一。腊祭一来表示不忘祖源，表达对祖先的怀念；二来祭百神，感恩他们一年来对农业的庇佑；三则是说人们辛苦了一年，此时农忙已经结束，人们

为了犒劳自己，出门休息娱乐。腊祭历史悠长，人们现在还把每个农历十二月称为“腊月”。

小寒前后的节日——腊八节

每年农历十二月初八为腊八节。这天有喝腊八粥的习俗。相传，腊八熬粥起源于佛寺，这一天寺院要做佛事并熬粥施舍给穷人。到了宋代，喝腊八粥的风俗已十分盛行，这天上至朝廷、下至平民百姓都要做腊八粥。

我国北方在腊八这天还有泡“腊八蒜”的习俗。腊八蒜会在除夕夜启封，此时的蒜瓣色泽青翠，辛辣刺激的蒜味被香醋消解、转化，变成回味无穷的小食，是除夕夜吃饺子和烧菜不可或缺的佐料。

岁尾迎年——大寒

大寒是冬季的最后一个节气，也是二十四节气中的最后一个节气，在每年公历的1月20日前后。大寒时节虽然天气依然寒冷，但因为冬季即将结束，所以天气并不会像之前那样酷寒，人们能够隐隐感受到大地回春之意。

大寒三候

一候鸡乳

二候征鸟厉疾

三候水泽腹坚

鸡可不是哺乳动物，鸡乳是指鸡产蛋。农民家里的鸡蛋可是宝贝，是家里孩子最好的营养品。冬天，鸡不爱下蛋，过了大寒，鸡都开始下蛋了，这不正是说明春天就要来了嘛。

征鸟就是鹰、隼（sǔn）等凶猛的食肉鸟类，大寒的时候它们高效率地捕食，因为冬天太冷太漫长，它们也要多吃些才行啊。

腹是肚子，湖泊水塘的肚子是什么呢？这里指的是湖中央。坚就是坚硬、坚实，表示湖泊、水塘、河流已经冰冻得结结实实。在古代，这时候也是取冰的日子，掌管藏冰的凌人组织人马将寒冰一大块一大块地凿出运走，储藏在冰窖里，来年夏天就可以取出使用了。

赶年集

大寒一过，离过年就不远了，我国大多数地区开始赶年集、办年货。赶年集的风俗在唐宋时期就有了。如今，赶年集的货品更全，人们置办的年货也更多了，吃的、用的、看的、玩的，应有尽有。

过小年

每一年农历的十二月二十三或者二十四，是我国传统的小年，也称“小岁”。人们正式进入大年倒计时，从这天开始，家家户户卫生大扫除，还要贴春联、剪窗花、办年货。沐浴、理发也多在小年前后进行。

祭灶

小年也是祭灶日。相传灶神是玉皇大帝派到人间来察人善恶的神，岁末要回天宫向玉帝汇报民情，以便玉帝赏罚。送灶神时，人们在灶王爷像前摆放供品，还要用熔化的灶糖抹在灶神的嘴上，这样他就嘴巴甜甜，只能上天言好事，不能说人们的坏话了。